AF330930

EAUX MINÉRALES

DE POUGUES,

BAINS ET DOUCHES[1].

ANALYSE

DES

EAUX MINÉRALES DE POUGUES.

Rapport fait à la Commission des Eaux minérales de l'Académie royale de Médecine, par MM. BOULLAY *et* HENRI.

L'une des plus importantes attributions de l'Académie comprend l'étude chimique et médicale des eaux

---

[1] Pougues-les-Eaux est un chef-lieu de canton de l'arrondissement de Nevers, sur la grande route de Paris à Lyon, trois lieues en deçà de Nevers, en partant de Paris, ayant une direction de poste aux lettres et une poste aux chevaux.

minérales qui jaillissent sur presque tous les points de la France, et cette compagnie semble même appelée à compléter l'étude hydrologique du pays.

De l'examen attentif des rapports adressés annuellement par les médecins inspecteurs, il résulte que, si, pour beaucoup d'espèces, la nature chimique et l'action sur l'homme sont bien déterminées, il reste encore pour un grand nombre des lacunes à remplir, principalement sous le rapport de leur analyse.

Ainsi, une partie des sources minérales n'ont été expérimentées que d'une manière superficielle; d'autres ont été analysées avec soin ; mais la plupart des analyses sont déjà très anciennes, et les auteurs n'ont pu mettre à profit les moyens nouveaux acquis par la science et dont l'application pouvait seule donner des résultats plus certains.

Les eaux de Pougues se trouvent dans cette dernière catégorie.

Parmi les divers travaux dont elles ont été l'objet, un seul offrant un véritable ensemble, a été publié par Hassenfratz, mais il date de 1789 ; il était donc naturel de penser, malgré la réputation scientifique d'Hassenfratz, que quelques principes des eaux de Pougues avaient pu lui échapper.

La commission des eaux minérales a adopté cette idée, et nous a chargés de les examiner de nouveau.

Pougues, bourg du département de la Nièvre possède deux sources connues depuis fort longtemps et rendues célèbres par l'usage qu'en firent Henri III, Catherine de Médicis, Henri IV, Louis XIV, etc.

La plus abondante est la source employée pour *boisson;* elle est très abondante, sa température est fróide, elle bouillonne à la source par l'effet d'un dégagement d'acide carbonique, et sans doute aussi d'un peu d'azote.

La pesanteur spécifique de l'eau de Pougues à 12° c. sous la pression de 0,76, est de 1003,12. La saveur est aigrelette et assez agréable, sa limpidité parfaite ; mais, exposée à l'air, elle se trouble, laisse déposer quelques flocons *ocracés*, en même temps qu'il s'y forme spontanément des cristaux rhomboédriques de *carbonate calcaire*.

Si on chauffe l'eau de Pougues, il s'en dégage en abondance du gaz acide carbonique, et il s'y fait en même temps un dépôt blanc rosé abondant, et des flocons rougeâtres nagent dans la liqueur.

Les bouteilles adressées par l'établissement de Pougues nous sont parvenues dans un état parfait de conservation ; le liquide qui s'y trouvait contenu avait une grande limpidité.

Voici les principaux résultats de cette analyse.

Pour 1,000 grammes de cette eau minérale nous avons trouvé :

		Grammes.
Acide carbonique libre.	. . . . . .	1 5,829
Carbonate de chaux.	. . . .	0 9,240
Carbonate de magnésie.	. . . . .	0 5,760
Carbonate de soude anhydre (avec des traces sensibles de carbonate de potasse).	. .	0 4,500
Sulfate de soude anhydre.	. . . . .	0 2,700
Sulfate de chaux.	. . . .	0 1,904
Chlorure de magnésium.	. . . . .	0 3,500
Silice et alumine.	. . . .	0 0,350

Phosphate de chaux ou d'alumine,   traces sensibles.
Paroxide de fer. 0 0,204
Matière organique. 0 0,300

Les substances fixes sont donc pour 1,000 grammes de 2 grammes 8,350.

Cette composition, fournie par l'expérience, conduit à considérer l'eau de Pougues intacte, ainsi composée :

Acide carbonique libre [1] 1[3 litre environ ou. 0 5,957
Bicarbonate de chaux. 1 3,269
Bicarbonate de magnésie. 0 9,762
Bicarbonate de soude anhydre (avec traces
   de sel de potasse). 0 6,762
Bicarbonate de paroxide de fer. 0 0,206
Sulfate de soudre anhydre. 0 2,700
Sulfate de chaux. 0 1,900
Chlorure de magnésium. 0 3,200
Matière organique soluble (glairine). . . 0 0,300
Phosphate de chaux ou d'alumine,   des traces.
Silice et alumine. 0 0,350
Eau pure. 995 5,694
                  100 0,000

Cette analyse donne avec plus de détails la composition de l'eau de Pougues, que celle qui avait été faite par Hassenfratz et que nous avons cru inutile de reproduire ici ; elle offre de plus quelques substances qui n'avaient pas été indiquées par le chimiste ou dont les proportions n'avaient pas été précisées.

---

[1] A la source, cette proportion d'acide carbonique doit être plus considérable.

On peut conclure, toutefois, que cette eau minérale n'a pas subi de notable changement depuis environ un demi-siècle ; car en additionnant les deux car-
bonates terreux (de chaux et de magnésie) que nous
avons distingués, tandis qu'Hassenfratz n'avait fait
aucune mention du dernier de ces deux sels, les
moyens et les méthodes pour séparer ces deux sels
n'étant pas alors aussi bien connus qu'aujourd'hui, si
on considère comme *anhydre* et non à l'état cristallisé
le sulfate de soude qu'il avait obtenu, on aura : carbonate terreux 1,423, au lieu de 1,500, et carbonate
solide 0,6,700, au lieu de 0,4,500, quantités qui n'offrent pas de différences extrêmes dans la masse des
matières salines. Ceci confirme encore l'opinion émise
plus haut, que la nature de l'eau de Pougues n'a pas
varié.

Nous pensons encore que notre analyse représente,
autant que possible, la composition réelle de cette eau
minérale.

Signé HENRI et BOULLAY, *rapporteurs.*

Lu et adopté en séance, le 18 février 1838.

Le Secrétaire perpétuel,

Signé E. PARISET.

L'eau de la source des bains a été découverte en 1833. Elle est renfermée dans un vaste bassin construit de manière à donner un assez grand nombre de bains. Cette nouvelle source n'a pas été exactement analysée. M. Orfila, qui l'a explorée, a reconnu du fer, du carbonate de chaux, de soude; la couleur noire que prend le plomb décapé, quand il est mis dans cette source, démontre, ainsi que l'odorat, la présence d'un gaz hydrogène sulfuré.

Les eaux de Pougues, qui sont si efficaces dans un grand nombre de maladies, après avoir joui de beaucoup de célébrité, et avoir été très fréquentées, furent délaissées, parce qu'on négligea d'entretenir l'établissement.

Depuis quelques années, on y a fait exécuter les travaux et les constructions nécessaires pour qu'il présentât toutes les commodités que l'on peut désirer. Il est même exact de dire qu'il est entièrement réédifié, avec bains et douches ; et les eaux recommencent à attirer le même concours de malades qu'autrefois.

En ranimant d'une manière particulière l'énergie de l'estomac et des intestins, elles modifient avantageusement un assez grand nombre de maladies du bas-ventre. On peut citer des maladies du canal intestinal, connues sous la dénomination de gastrites, ou de gastro-antérites chroniques, selon que l'estomac ou les intestins sont affectés, qui avaient résisté à tous les moyens que suggère la méthode anti-phlogistique, d'après la doctrine de Broussais, et qui ont été guéries par les eaux de Pougues. En réglant l'action des organes digestifs, elles combattent cet excès de sensibilité, cette anomalie dans les lois de la force vitale.

Le traitement de ces affections, aussi souvent ner-
veuses qu'inflammatoires, est long ; il dépasse la durée
d'une saison ordinaire. L'eau doit alors être donnée à
petites doses, en commençant par un demi-verre coupé
avec une boisson adoucissante ; on augmente ensuite
graduellement, jusqu'à trois à quatre verres au plus,
et l'on fait usage en même temps des bains ; ils se prennent tous les jours ou tous les deux jours ; on les pré-
pare avec l'eau de la source ferrugineuse-sulfureuse ;
ils sont fortifiants, exercent une action tonique, et dé-
veloppent celle de l'eau prise en boisson.

S'il survient de l'insomnie et une trop vive excitation, on interrompt le traitement pendant quelques
jours.

On peut affirmer que l'usage des eaux de Pougues,
prises en boisson, en bains et en douches, est suivi
des plus heureux résultats dans les maladies sui-
vantes :

« Les coliques hépatiques produites par des embar-
« ras des conduits du foie (concrétions biliaires).

« Les engorgements chroniques, dits obstructions,
« ceux du foie et de la rate.

« Les fièvres intermittentes, quartes, que n'a pu
« détruire le quinquina.

« La stérilité chez les femmes, occasionnée par l'ab-
« sence des mois.

« Les écoulements muqueux chez les femmes comme
« chez les hommes.

« Les pâles couleurs chez les jeunes filles irréguliè-
« rement réglées ; quelques exanthêmes chroniques
« provenant de l'altération des viscères abdominaux

« La leucophlegmatie qui tient à l'inertie des suçoirs
« absorbants. »

Dans les maladies des systèmes glandulaire et lymphatique, sans ulcérations, où peut-on trouver des eaux plus appropriées que celles de Pougues? Après le bain, le choc de la douche, d'une chute de vingt pieds, à 34 degrés Réaumur, favorise la résolution de ces engorgements scrofuleux.

Plusieurs observations recueillies en 1834 et 1835, démontrent que leur usage est applicable dans les cas de ténia (ver solitaire), et de diathèse vermineuse.

C'est surtout dans le traitement des maladies des voies urinaires, que les eaux de Pougues se sont acquis une réputation bien méritée.

Par l'usage de ces eaux, prises intérieurement et extérieurement sous forme de bains, les graveleux sont à l'abri des complications qui accompagnent cette maladie ; les plus graves sont des coliques néphrétiques, des douleurs dans la vessie, dans le canal de l'urêtre, et des rétentions d'urine.

Chez les habitués de Pougues qui ont la gravelle, les graviers, quand ils ne sont pas ramollis, complètement dissous, sont expulsés facilement ; ils sont entraînés par le cours des urines.

L'action alcaline des sources de Pougues a pour effet de diminuer le volume des graviers et calculs formés, et d'empêcher le développement de nouvelles concrétions urinaires, en neutralisant, par une combinaison chimique, le principe (l'acide urique) qui les produit.

Leur efficacité est incontestable dans le catarrhe de

vessie, entretenu par une période d'atonie; dans cette maladie, comme dans les écoulements morbides, elles diminuent sensiblement les sécrétions muqueuses (la leucorrhée), en même temps qu'elles fortifient tout l'organisme.

Si la similitude observée entre la gravelle et la goutte est exacte, quoique ces deux maladies aient leur siége dans des organes différents, ce qui ne serait pas douteux, d'après les travaux des médecins qui se sont occupés de leur nature et de leur traitement, on en conclura que les eaux de Pougues, très recommandées contre la gravelle, seront d'un grand secours contre la goutte, avec la précaution de suivre pendant longtemps un régime convenable.

On vient aussi à Pougues pour un grand nombre d'affections secondaires, qu'il serait inutile de rappeler dans cette notice.

On pourrait citer de nombreux exemples de guérisons extraordinaires opérées par les eaux de Pougues, dans toutes les circonstances morbifiques qui ont été précédemment examinées, particulièrement dans les maladies de l'estomac, du foie, de la rate, des voies urinaires. A l'appui de ces assertions, d'ici à peu de temps, de nombreuses observations seront publiées, particulièrement sur le traitement des gastralgies; des faits remarquables feront connaître que la source gazeuse et ferrugineuse, analysée par MM. Boulay et Henri, est éminemment efficace pour l'*estomac*. Et à l'appui de cette efficacité, nouvellement constatée, qu'il soit permis de citer la guérison suivante.

Observation.

Gastralgie, considérée pendant plusieurs années
comme affection organique.

Madame Niepce, demeurant à Châlons-sur-Marne, douée d'une bonne constitution, d'un tempérament sanguin-bilieux, âgée de vingt-huit ans, éprouvait depuis trois années, avant son voyage dans le Nivernais pour faire usage des eaux de Pougues, une irritation chronique considérée comme inflammatoire des organes digestifs, avec vomissements annoncés par les plus vives douleurs pendant le travail de la digestion. La malade, pâle et décolorée, portait sur le visage une teinte jaune, qui accompagne le plus souvent une affection interne, profonde, pour ne pas dire organique.

Madame Niepce fut saignée par la lancette et par les sangsues ; on fit usage de bains, de cataplasmes émollients, calmants, d'une diète sévère ; pendant six mois elle vécut d'eau de poulet.

Les essais alimentaires, les plus minimes, augmentaient d'une manière insupportable les souffrances épigastriques ; alors vomissements déchirants.

Suivant la méthode indiquée dans les généralités sur les eaux de Pougues, l'eau de la source *ferrugineuse* et *gazeuse* lui est administrée de la manière suivante :

La malade boit le matin à jeun deux demi-verres mélangés avec un peu de lait ; cette quantité est augmentée d'un demi-verre chaque jour jusqu'à quatre verres de huit onces. L'eau ainsi coupée est mieux accueillie par l'estomac, étant bue dans le bain préparé avec l'eau de la source légèrement sulfureuse, découverte en 1833. Les bains sont de courte durée, et donnés peu chauds.

Pendant plusieurs jours, l'alimentation de bouillon de poulet, de celui de grenouilles, et d'un peu de lait, est continuée. Cependant l'estomac commence à se tranquilliser ; il est moins douloureux ; il ne tarde pas à désirer des aliments. Les nuits sont moins mauvaises.

Comme je le ferai remarquer dans toutes les observations de ce genre, le désir des aliments, le retour de l'appétit, sont constamment du meilleur augure dans le traitement de ces nombreuses affections par les eaux de Pougues.

Des potages au riz, avec le bouillon de volaille sont accordés à la malade; ils sont bien digérés ; les forces commencent à renaître. L'eau de la même source a été donnée toujours blanchie de lait, sans interruption, ainsi que les bains. Pendant ce premier traitement, qui a été de trois semaines, les organes malades, ramenés à des conditions meilleures par la douce excitation des eaux qui agissent comme *un tonique, non irritant*, avaient besoin de repos ; le traitement fut interrompu.

L'alimentation est augmentée ; la viande blanche, bouillie et rôtie, est assez bien digérée; le visage commence à prendre un meilleur aspect. Sous l'influence d'un aussi heureux changement dans l'exercice des fonctions digestives, madame Niepce reste à Pougues, où l'air y est excellent, jusqu'à la fin de la belle saison. Elle y était arrivée dans le mois de juin 1834.

Un second traitement est suivi ; à la fin du mois de juillet suivant, l'eau de la même source, avec addition d'une petite quantité de lait, est donnée tous les jours, pendant vingt-cinq jours, jusqu'au nombre de quatre verres ; les bains sont continués de même, avec le même succès. Tous les symptômes alarmants décrits avant le traitement, se dissipèrent entièrement ; harmonie complète dans l'exercice de toutes les fonctions nutritives ; les évacuations périodiques sont rétablies. Madame Niepce ne tarde pas à reprendre son embonpoint et toute sa fraîcheur.

Cette amélioration inattendue, qui est devenue plus tard une *complète guérison*, s'est opérée sous les yeux des buveurs et baigneurs de cette époque, au nombre desquels on peut citer plus particulièrement madame la duchesse de Montébello, madame sa sœur et son fils, monsieur le comte de Guénéheuc, pair de France, monsieur le duc de Praslin, pair de France ; ces personnes de haute distinction sont nommées, ainsi que madame Niepce, pour donner à ce fait, pris parmi cent autres aussi remarquables, un caractère de vérité que personne ne pourra contester.

Les eaux de Pougues agissent selon la différence des tempéraments, tantôt par les sueurs, rarement par les selles, le plus souvent en déterminant une crise par les urines.

Assez souvent la guérison s'opère pendant ou après

l'usage des eaux , sans crise appréciable ; sans trouble et sans perturbation.

Habituellement , chez les personnes qui font usage des eaux de Pougues , les urines sont alcalines , soit qu'elles les prennent en bains ou en boisson.

Lorsque leur usage doit produire d'heureux effets , le malade éprouve plus d'appétit et plus de facilité dans ses digestions.

Dans le cas contraire , elles causent des inosmnies , quelquefois de la diarrhée ; il convient alors d'en suspendre l'usage jusqu'à ce que les indications étant saisies par le médecin , on puisse y revenir avec la prudenee nécessaire.

Dans toutes ces maladies, on commence par boire, le matin , à jeun , un ou deux verres de l'eau de Pougues , avec ou sans mélange , le lendemain on en prend un verre de plus, en mettant quinze à vingt minutes d'intervalle entre chaque verre , et ainsi de suite, en augmentant d'un verre chaque jour, jusqu'à ce qu'on ait atteint le nombre de verres auquel on doit se fixer, qui est de 3 à 4 dans les cas de gastralgie; et qui peut être porté jusqu'à 8 , 10, et 12 dans la gravelle et autres affections abdominales, lorsque l'estomac est dans de bonnes conditions.

On les boit en se promenant , quelquefois dans son lit , avant et après la douche , et dans le bain. On ne doit déjeuner qu'une heure et demie après avoir cessé de boire.

Avec le vin blanc, elles sont mousseuses, pétillantes et fort agréables ; l'auxiliaire du vin les rend toniques. Les personnes qui font usage des eaux de Pougues, et qui peuvent, sans inconvénient, boire du vin pendant leur traitement, les boivent avec une partie égale de vin blanc de Pouilly, pendant le déjeuner.

Mélangés avec moitié eau sucrée, elles facilitent la digestion, et peuvent aussi être employées par les personnes en santé, dont l'estomac exige des ménagements.

Le régime à suivre, et les précautions à prendre pendant l'usage des eaux de Pougues, doivent être modifiés selon les individus et selon le genre de maladie, ces différentes indications font la base du traitement dirigé par le médecin inspecteur, qui demeure à Pougues pendant la saison des eaux, c'est-à-dire, depuis le 15 mai jusqu'à la fin de septembre.

Lorsqu'elles sont bouchées et bien cachetées dans des bouteilles de verre, ou mieux dans des demi-bouteilles, elles se transportent au loin et se conservent longtemps, si on a la précaution de les déposer dans un endroit frais, et de les laisser couchées.

La position des eaux est des plus agréables : la proximité de Nevers, chef-lieu du département (3 lieues de poste), permet de s'y procurer tous les objets d'utilité et d'agrément que peut fournir une grande ville.

Des sites pittoresques, plusieurs usines des plus belles de France, Fourchambaut, Guerigny, Imphy, situés à de petites distances, offrent des buts de promenades agréables et variés.

On trouve à Pougues plusieurs auberges, des logements commodes dans des maisons bourgeoises, disposées pour recevoir des étrangers pendant la saison des eaux; on peut se faire servir chez soi, ou manger à table d'hôte. Le principal bâtiment destiné à cet usage est une vaste maison, faisant partie de l'établissement, située à peu de distance des sources, au bas du bourg de Pougues, à l'entrée de l'avenue des eaux, indiquée par deux colonnes, portant l'inscription des

EAUX ET BAINS DE POUGUES.

Les malades peuvent s'y établir comme pensionnaires; la table y est bien servie; deux salons et un billard sont à leur disposition.

Les eaux de Pougues sont à la portée de toutes les fortunes; les indigents y sont soignés gratuitement.

On trouve des eaux de Pougues à Paris, à l'hôtel de Montmorency, boulevard des Italiens, 20 bis; et dans les différents dépôts d'eaux minérales établis dans la capitale.

Le médecin inspecteur,

HECTOR MARTIN,

D.-M.-P.